贵州省农村产业革命重点技术培训学习读本

生态家禽
高效养殖技术
轻松学

贵州省农业农村厅 组编

中国农业出版社
农村读物出版社
北　京

贵州省农村产业革命重点技术培训学习读本

本书编撰组

编 撰 组 长 徐成高

编撰副组长 张元鑫　隆　华　杨启林

编 撰 人 员 杨忠诚　张　芸　王　雄　唐继高

杨　敏　沈德林　陶宇航　李雪松

郭小江　黎恒铭　姜　桃　岳　筠

张双翔

前　言
FOREWORD

　　根据贵州省委、省政府开展脱贫攻坚进一步深化农村产业革命主题大讲习活动的工作部署，贵州省农业农村厅组织发动全省农业农村系统干部职工和技术人员，以"学起来、讲起来、干起来"为抓手，广泛开展"学理论、学政策、学技术"，进一步转变思想观念、转变发展方式、转变工作作风，进一步统一思想、凝聚力量、推动工作，巩固提升农村产业革命取得的成效，总结推广各地实践取得的经验，全面落实农村产业发展"八要素"，深入践行"五步工作法"，持续深入推进农村产业革命。为配合产业技术培训活动广泛深入开展，省农业农村厅组织专家、学者结合贵州省实际，编写了"贵州省农村产业革命重点技术培训学习读本"，供各级党政领导、村支两委干部、农业农村部门干部职工、农业经营主体等人员学习和培训使用。

　　贵州省家禽生产高速发展，普及生态家禽生产的基本知识和技术、提高一线生产者和管理者的技术水平是降低成本、提高经济效益的重要手段，本书的出版将对进一步推动贵州省生态家禽产业的发展起到积极的作用。本书分为16个部分，主要包括全国家禽业发展和禽肉消费情况、贵州省生态家禽产业发展的优势和政策、养殖场办理和设计建设、生态鸡饲养管理和疫病防治、鸡场废弃物处理及生态鸡销售环节应注意事项等，力求理论联系实际，做到内容丰富、通俗易懂、科学严谨、资料翔实，具有指导性、实用性和可操作性。

由于编写时间仓促，不足之处在所难免，敬请读者指正。

编　者

2020年2月

目 录
CONTENTS

一、家禽业发展和禽肉消费情况

1. 全国家禽产业发展现状如何?

2017年,全国禽肉产量1 897万吨,同比增长0.48%;禽蛋产量3 070万吨,同比减少0.81%(官方数据)。全年肉鸡出栏量78.9亿羽,同比减少3.8%;全国产蛋鸡存栏12.07亿羽,同比减少4.43%(中国畜牧兽医学会数据)。

2. 贵州省家禽产业发展现状如何?

据贵州省数据监测显示,2018年全省禽肉产量20.72万吨,禽类存栏1.2亿羽,家禽出栏2.1亿羽,禽蛋产量29.2万吨。带动精准脱贫人数28.2万人,全省建种繁场55个、家庭牧场7 120个、规模养殖场4 205个,"三品一标"①认证比例达50%以上,优良品种覆盖率达80%以上,种苗自给率达70%以上,产业基础不断夯实,品种品质结构持续优化,产业链条不断完善。

----

① "三品一标"是无公害农产品、绿色食品、有机农产品和农产品地理标志的统称。——编者注

3. 我国禽肉消费情况如何？

近年来，我国猪肉消费占比逐年下降，禽肉消费比例逐年上升。据专家介绍，未来一个时期，肉食品结构中禽肉产品占比将提高10个百分点。研究发现，我国居民收入增长1%，禽肉消费将增加2.43%，2013—2016年，我国人均禽类产品消费量由7.2千克/年上升为9.1千克/年，年均增加8.1%。随着人们生活水平不断提高，对绿色生态、品质安全、营养健康产品的消费将不断提升，而贵州省生态家禽所具有的原生态、高品质特点正契合人们消费取向。

二、贵州省生态家禽产业发展的优势

4. 贵州省发展生态家禽产业有哪些生态优势？

贵州省气候温和多样，冬无严寒、夏无酷暑、雨热同季，空气清新、水土干净，全省现有林地面积1.32亿亩①，天然草地面积2 402万亩，人工种草保留面积820万亩，茶园面积628.33万亩，果园面积593万亩，按照林地、草地、果园生态放养50只/亩，茶园18～22只/亩计，家禽养殖生态空间和发展潜力较大。同时，生物多样性赋予全省良好的家禽饲料作物资源，可用作饲料的天然草地微管植物多达1 410种。可充分利用山地、林地资源构建动物防疫天然屏障。

5. 贵州省有哪些地方优良家禽品种？

贵州省家禽品种资源丰富，特色鲜明，品质优良。全省共有地方优良家禽品种13个，其中，鸡品种有赤水竹乡鸡（属肉

---

①亩为非法定计量单位，1亩=1/15公顷。——编者注

蛋兼用型鸡种)、长顺绿壳蛋鸡(属肉蛋兼用型鸡种)、瑶山鸡
(属肉蛋兼用型鸡种)、乌蒙乌骨鸡(属肉蛋兼用型鸡种)、威宁
鸡(属肉蛋兼用型鸡种)、黔东南小香鸡(属小型肉用型鸡种)、
矮脚鸡(属肉蛋兼用型鸡种)、高脚鸡(属肉用型鸡种);鸭品
种有三穗麻鸭、兴义鸭、中国番鸭;鹅品种有平坝灰鹅、织金
白鹅。另外,目前贵州省养殖量较大但尚未进行品种资源认定
的有黔西县黔画乌鸡、六盘水乌蒙凤鸡、纳雍土鸡等。引进品
种主要有绿头野鸭、良凤花、青脚麻、882 等。

6. 贵州省发展生态家禽产业有哪些产业基础?

生态家禽产业作为贵州省脱贫攻坚"五大产业"之一,具
有"短、平、快"的优势,贵州省委、贵州省人民政府出台了
《贵州省发展生态家禽产业助推脱贫攻坚三年行动方案(2017—
2019年)》给予大力支持,配套出台了家禽政策性保险等政策措
施,加上贵州具有"全域养鸡,全民吃鸡"的良好群众基础和
消费习惯,为生态家禽产业发展创造了有利条件。

7. 贵州省发展生态家禽产业有哪些产业转移承接优势?

近年来,受劳动力、土地、环境等资源约束,东部沿海地
区畜牧养殖业结构调整和产业转移加速,国家推进"生猪养殖
北移西进、蛋鸡养殖东扩南下"区域调整布局,贵州省要充分
利用独特的生态优势、资源优势及生产要素成本相对较低等优
势做好产业转移承接,加速生态家禽产业发展。

三、政策保障

8. 贵州省出台什么政策支持生态家禽产业发展？发展要求和目标是什么？

2017年9月5日，贵州省人民政府办公厅下发关于印发《贵州省发展生态家禽产业助推脱贫攻坚三年行动方案(2017—2019年)》的通知（黔府办发〔2017〕46号）。

总体要求：紧紧围绕省委、省政府关于产业扶贫的重大决策部署，立足生态环境和资源优势，强化政策扶持与科技支撑，优化产业布局，发挥特色优势，突出发展重点，实施品牌引领，推进全产业链协调发展，构建完善生态家禽产业体系、生产体系和经营体系，促进生产规模化、质量标准化、产品品牌化、营销网络化发展，实现产业兴、百姓富与生态美的有机统一。

发展目标：①通过3年时间，全省生态家禽产业实现快速发展，地方特色家禽产业规模化、标准化、商品化水平明显提高，逐步形成种禽繁育、生态养殖、屠宰加工、冷链物流等配套完善的生态家禽产业体系。②全省生态家禽年出栏3亿羽，禽蛋年产量30万吨，品种结构不断优化、产品品质不断提高，生态家禽品牌影响力显著提升。③生态家禽产业发展实现66个贫困县(含14个深度贫困县)、20个极贫乡镇全覆盖，带动精准脱贫80万人以上。

9. 贵州省出台什么保险政策支持生态家禽产业发展？养殖规模达到多少可以参保？保额保费是多少？承担比例如何？

贵州省财政厅、省农委、省政府金融办于2017年5月8日出台了《贵州省政策性家禽养殖保险工作实施方案（试行）》(黔财金〔2017〕39号)。

参保条件：全省从事肉(蛋)鸡养殖企业和农民专业合作社，每批次养殖规模达2 000只以上的。一般养殖户和建档立卡贫困养殖户每批次养殖数量达200只以上的可以参保。

保额保费：肉鸡保险集约化大规模饲养的，每只保额25元，保费0.5元；小规模分散饲养的生态家禽，每只保额40元，保费1元。蛋鸡保险每只保额40元，保费1元。

保险保费养殖户承担比例：一般养殖户和建档立卡贫困养殖户省财政承担70%，市、县财政各承担10%，养殖户自己承担10%；养殖企业和农民专业合作社省财政承担50%，市、县财政各承担10%，养殖户自己承担30%。

四、新建养殖场办理

10. 新建养殖场需要办理哪些审批手续？

申请规模化畜禽养殖的农村集体经济组织、企业或个人，按照《中华人民共和国动物防疫法》《畜禽规模养殖污染防治条例》《中华人民共和国环境影响评价法》等相关规定，新建畜禽养殖场（小区）需要办理动物防疫条件合格证、畜禽养殖场备案登记、环评文件、用地备案登记表、工商营业执照。

11. 新建养殖场审批手续如何办理？

向养殖场所在地乡（镇）人民政府提出申请，乡（镇）国土、规划、畜牧部门现场查看审核同意后，到县级国土资源管理部门办理用地备案手续。对环境有影响的项目，应向县级环保主管部门提出申请，按照《建设项目环境影响评价分类管理名录》规定审批。办理动物防疫条件合格证，将养殖场、养殖小区的名称、养殖地址、畜禽品种和养殖规模，报所在地县级畜牧兽医行政主管部门备案审批，审批通过后取得动物防疫条件合格证和畜禽标识代码。登记凭动物防疫条件合格证向工商行政管理部门申请办理工商登记注册。

五、养殖场所选址及布局分区

12. 养殖场选址有哪些防疫要求？

养殖场选址时应满足卫生防疫要求，要远离城镇居民区等人口集中区域及高速公路、铁路、交通干线不少于1 000米，距一般道路不少于500米，距居民生活区不少于3 000米，距离畜禽屠宰场、畜禽交易市场、畜产品加工厂、垃圾及污水处理场不少于2 000米，距种禽场不少于1 000米，养殖场（养殖小区）之间距离不少于500米。充分利用自然地形地物，如利用原有林带树木、山岭等作为天然屏障，并设围墙与外界隔离。

13. 哪些地方不能新建养殖场？

禁止在生活饮用水源保护区、风景名胜区、自然保护区的核心区及缓冲区；城镇居民区，包括文教科研区、医疗区、商业区、工业区、游览区等人口集中地区；县级以上人民政府依法划定的禁养区域及国家或地方法律、法规规定需特殊保护的其他区域新建养殖场。受洪水或山洪威胁及泥石流、滑坡等自然灾害多的地带，自然环境污染严重的地区也不应建场。

14. 新建养殖场时必须要考虑哪些条件？

首先，不应占用基本农田，尽量利用普通耕地、荒山荒坡、残次林地等建场。其次，选择地形开阔、地势高燥、缓坡、便于排污、采光充足、水源充足卫生、供电稳定、交通便利、环境安静、隔离条件好的地方建场。生态养鸡场要选择具有一定遮阴条件的草地、林带、果园等及其他适宜环境。

15. 养殖场饲养密度如何计算？

养殖场饲养密度依鸡种类型及饲养方式不同而有所差异。鸡舍：按蛋鸡15～20羽/米^2、肉鸡8～10羽/米^{2}计算。生态放养场：按每亩放养量50羽计算。

16. 养殖场总体上如何布局分区？

养殖场内应严格划分为管理区、辅助区、养殖区和隔离区，且各区互相隔离，各区通道口设置消毒通道。管理区设在养殖区的上风或侧风方向，主要建设生活用房、办公用房，并靠近场区入口处；辅助区靠近养殖区，主要设置饲料贮存室、药品保管室等；养殖区设置各类鸡舍。隔离区在养殖区的下风方向和场区地势最低处，设置粪污、病死尸及其他产品无害化处理设施。

六、鸡舍建设

17. 规模化养殖鸡舍有哪些类型？

蛋鸡舍主要为封闭式鸡舍（图6-1），肉鸡舍为开放式鸡舍（图6-2）。

图6-1　有窗封闭式蛋鸡舍

图6-2 开放式肉鸡舍

18. 规模化养殖鸡舍与鸡舍间距离多少合适？

为保证鸡舍通风、采光和防疫要求，封闭式鸡舍间距不能低于鸡舍檐高的3倍，开放式肉鸡舍间距不能低于鸡舍檐高的5倍。

19. 规模化养殖蛋鸡舍建筑有哪些要求？

（1）鸡舍顶、墙。要求保温隔热、防雨雪、防鼠害、防鸟。屋顶形式多为双坡式。顶高4.5米，墙体高3米。屋顶和墙体材质建议采用塑钢瓦、彩钢夹复合芯板等轻质隔热保温材料。墙体内表面平整，应耐酸碱以便于消毒药液清洗消毒。外墙合理设置门窗（有窗鸡舍）及通风口。

（2）鸡舍地面。应坚实、致密、平坦、防滑，有利于消毒和排污，不渗水，不返潮，具有一定保温特性，一般多采用混凝土地面。

（3）门窗。门一般设在鸡舍南面。一般单扇门高2米，宽1米；双扇门高2米，宽1.6米左右。窗户多采用方形窗，南北墙窗户设置比例（1～2）：1。

（4）排水沟。鸡舍内地面两侧应设30厘米宽、带漏缝地板的排水沟，排水管道通往舍外污水排放系统。

（5）鸡舍跨度、长度和高度。鸡舍跨度视鸡舍内鸡笼列数和饲养方式而定，一般笼养蛋鸡呈双列或三列排列时，鸡舍跨度8～12米；鸡舍长度一般取决于鸡笼层数、列数和饲养量，如采用3层鸡笼，双侧排列，饲养量5 000只的情况下，一般鸡舍长60米左右。

20. 规模化养殖鸡舍朝向有要求吗？

有。为减少夏季高温对舍温的影响，应加大夏季通风量，冬季要利于保温防寒，鸡舍朝向应为坐北朝南或稍偏东南或稍偏西南。

21. 规模化养殖肉鸡舍内部需配置哪些设施？

（1）垫料。肉鸡平养需在地面铺设5～6厘米厚的垫料（铡短的秸秆、稻草等）。养殖过程中，根据垫料的污浊程度及时增铺新垫料3厘米左右，注意防止垫料潮湿。每批肉鸡出栏后，应将垫料彻底清除更新，并对地面进行彻底清洁消毒。

（2）栖架。为满足鸡登高栖息的习性需要和减少鸡在舍内与粪污接触的机会，可在舍内设梯形栖架，两排栖架之间留1～1.2米通道。

（3）饮水器。每50羽鸡配置2个中型饮水器或配置2个吊塔式自动饮水器。

（4）料桶。每50羽鸡配置2个料桶，料桶大小根据鸡日龄调整。

（5）灯具。每10平方米安装一个5瓦的暖光节能灯。

22. 规模化蛋鸡养殖场需配置哪些设备设施？

（1）蛋鸡笼养设备。包括育雏、育成、产蛋鸡笼。蛋鸡笼养应配备合适的给料、给水与除粪设备（图6-3）。

图6-3　产蛋鸡笼

（2）饲料加工设备。自己加工饲料的鸡场，应根据饲养规模购置原料粉碎机、饲料搅拌机、成品料包装等设备。

（3）喂料设备。笼养蛋鸡舍主要采用自动喂料系统或人工将饲料投放于配套料槽中。有条件的平养鸡舍，可采用肉鸡自动喂料系统。

（4）通风设备。密闭鸡舍采用纵向通风，使用轴流风机和湿帘通风降温设备。风机宜使用大口径低速风机（风扇直径900 ～ 1 200毫米）。

（5）光照设备。包括灯具及其控制设备。宜采用节能灯具。

（6）育雏舍的供暖设备。根据条件可采用水暖设备、火炉供暖及热风炉供暖设备。推荐使用热风炉供暖。

（7）消毒设施。场区入口处设置消毒通道，鸡舍门口有消毒池。

（8）清粪设备。笼养鸡舍主要利用刮板清粪机、传送带清粪机进行清粪。

（9）辅助设施。专用商品蛋、种蛋储存库，门卫室，更衣消毒室，兽医化验室，解剖室，储粪场所及鸡粪无害化处理设施、病死鸡焚烧炉等设施。

（10）供电设施。配电室及发电房，根据实际用电量配备发电机组。

（11）场内排污设施。主要包括地下排水管道和污水处理设备。

23. 生态放养鸡舍一般建成什么样为好？

生态放养鸡舍整体结构可采用木结构或钢架结构，以移动式拼装鸡舍为好，遵循就地取材原则，满足牢固、遮风挡雨、防寒保暖、采光、通风的需要，周边排水畅通，有利于粪便清除（图6-4）。

图6-4 生态放养鸡舍

24. 生态放养鸡舍的建造方面有什么要求?

顶面可选用隔热性能好的塑钢瓦或岩棉彩钢夹心板,建成双坡顶;四周墙板也尽量选用防潮和隔热性能好的材料,要求光滑,便于清洁和消毒,耐磨损、耐酸碱,墙板上设置适宜通风口,以利于通风换气;在离地面50～60厘米高处铺设铁丝网、塑料网、竹板网或木条网等。一是利于清洁消毒;二是鸡群生活在网上,鸡粪通过网孔漏下,减少鸡与鸡粪接触;三是减少土壤潮气对鸡的影响,也有利于鸡粪的清理。生态放养地四围需用围栏、尼龙网或铁丝网等隔开,网高不低于1.8米(图6-5)。

图6-5 生态放养场围网

25. 生态放养鸡舍饲养密度多少为宜？

每舍面积以 $8 \sim 10$ 米^2 为宜，椽高2米。每平方米饲养量 $8 \sim 12$ 羽，每栋饲养量不超过100羽。

26. 放养鸡舍内部需配置哪些设施？

放养鸡舍内部设置饮水器、料桶、栖架等设施。按每50羽鸡配置1个10千克的饮水器或普拉松全自动饮水设施，每50羽鸡配置1个6千克的料桶，每10米^2 安装一个5瓦的暖光节能灯（图6-6）。

图6-6　舍内设施

七、鸡舍环境控制设备

27. 蛋鸡养殖中，为什么产蛋鸡要进行光照补充？如何补充光照？

产蛋鸡对光照非常敏感，产蛋期补光主要是让母鸡适时开产并让其达到高峰，充分发挥其产蛋潜力，并且每天光照时间只能增加或维持，不能减少，否则会影响其产蛋性能。

具体补光方法：在原光照时间10小时的基础上，每周逐渐增加30分钟的补光时间，直到每天光照时间达16小时为止，维持到产蛋结束。生态放养蛋鸡舍，在收鸡回舍后，开灯进行光照补充至23时。每天严格控制开关灯时间，可通过安装自动光控装置进行开关灯设置。

28. 夏季高温影响鸡生长和生产，主要利用哪些设施进行鸡舍降温？

（1）喷雾降温系统。由喷头、水泵、水箱、过滤器、管路和控制装置组成。安装于鸡舍上部，将水呈雾状喷出，利用水吸收空气中热量而达到鸡舍降温的作用。

（2）湿帘-通风降温设施。湿帘-通风降温设施由湿帘、循环水系统、风机、恒温控制装置组成（图7-1）。湿帘的面积大小应根据鸡舍最大通风量，计算出该鸡舍安装湿帘的最小需要面积。例如，饲养4 000～5 000羽的蛋鸡舍或肉鸡舍，应在鸡舍风机的对侧安装湿帘3块（长3米，宽1.5米）。

（3）未配备自动降温系统。可采用高压水枪喷淋鸡舍屋面的方式达到降温目的。

图7-1　通风-湿帘降温系统

29. 鸡舍内为什么要保持通风良好？如何进行通风换气？

鸡粪产生大量的有害气体会降低鸡群免疫力，增加鸡群患病概率，因此，生产中要采取措施保持舍内良好的空气质量。

通风换气方法：一是通过开启窗户进行自然通风，二是利用轴流式排风机强制排出舍内污浊气体。

每栋鸡舍所需风机的数量可根据饲养规模大小、鸡夏季通风参数、风机风量等计算。如饲养 4 000 ～ 5 000 羽的蛋鸡舍或肉鸡舍，应安装风量为 32 000 米³/ 小时的风机 3 台，安装于墙上。

30. 鸡舍应配置哪些清洁消毒设施？

（1）高压清洗机。鸡群转出后，用高压清洗机彻底冲洗鸡笼、网面、地面、粪污沟等处的污物，对鸡舍进行全面清洁，待鸡舍稍干燥后进行消毒。

（2）喷雾消毒器。定期用消毒液对鸡舍进行喷雾消毒。有背负式手动喷雾器、高压机动喷雾器。

（3）消毒池。每栋禽舍门口设消毒池并铺消毒垫，供进入鸡舍的人员消毒。消毒池内选用2% ～ 5%漂白粉溶液或2% ～ 4%氢氧化钠溶液，且每3 ～ 5天更换一次消毒液。

八、品种选择及引种要求

31. 生态鸡养殖品种选择遵循什么原则？

①应根据市场消费需求和适宜生态放养等方面综合考虑。

②选择适应性强、耐粗饲、抗病力强、觅食能力强的地方品种。

③种蛋、雏鸡应从取得种畜禽生产经营许可证和动物防疫条件合格证的种鸡场购买，种鸡场应具有完善的售后服务体系，没有育雏条件或育雏技术的养殖场原则上应采购脱温鸡苗并完成免疫程序所规定疫苗的预防接种工作，减少雏鸡死亡，节本增效。

32. 贵州生态放养常用优质鸡品种有哪些？各品种有哪些特点？

常用优质鸡品种主要有：瑶山鸡、长顺绿壳蛋鸡、乌蒙乌骨鸡、威宁鸡、黔东南小香鸡、高脚鸡、矮脚鸡、竹乡鸡等8个品种。

各品种特点如下：

（1）瑶山鸡。原产于贵州省荔波县。黑脚，公鸡冠大而红润，羽毛黑红色或黄红色，尾羽、主翼羽、副翼羽和腹羽黑色；母鸡羽毛多为麻黄色和麻黑色。出栏时间：120～150日龄；体重：公鸡2 245～2 255克，母鸡1 745～1 754克，开产日龄150～180天，年产蛋120～150枚。

（2）长顺绿壳蛋鸡。原产于贵州长顺县。黑脚，公鸡单冠直立，颈羽、鞍羽赤红，背羽、腹羽红黄相间，主翼羽、尾羽墨绿而有光泽。母鸡羽色以黄麻色居多。成年公鸡1 872～1 879克，母鸡1 678～1 686克，母鸡平均开产日龄165～195天，年产蛋120～150枚（平均蛋重51.8克，蛋壳绿色占85%）。

（3）乌蒙乌骨鸡。主产于云贵高原黔西北部乌蒙山区的毕节、织金、纳雍、大方、水城等地。羽毛以黑褐色为主，兼有白、芦花、黄、灰等羽色。公鸡体大雄壮，母鸡稍小紧凑，多为单冠，公鸡冠大直立，母鸡冠较小，出栏时间：150～180日龄；体重：公鸡2 192～2 198克，母鸡1 850～1 860克。母鸡平均开产日龄185～200天，年产蛋100～130枚。

（4）威宁鸡。主产于贵州省乌蒙山区的威宁、水城、纳雍、赫章及毕节等地。公鸡单冠直立，羽毛红黄色，颈、胸、背、翅羽棕红色，母鸡单冠居多，少数为玫瑰冠，羽色以黄麻色居多，黑麻色次之，少数有黑色和杂花色。出栏时间：150～180日龄；体重：公鸡1 878～1 885克，母鸡1 652～1 662克。母鸡平均开产日龄220～240天，年产蛋75～120枚。

（5）黔东南小香鸡。原产地以贵州榕江县为中心。小香鸡的体型小，胫呈黑褐色。公鸡羽毛多呈深红色，兼有红花、黑红和白色，尾羽发达，呈墨绿色。母鸡羽毛多呈黄麻、黑麻和褐麻色，兼有黑色和花色。出栏时间：150～180日龄；体重：公鸡1 376～1 382克，母鸡1 168～1 176克。母鸡平均开产日龄190～210天，年产蛋90～120枚。

（6）高脚鸡。原产于贵州省普定县。胫高体人，胫为黑色。公鸡头、肉髯较大，全身羽毛红黄色，腹羽、翅羽黑色，尾羽墨绿色而带有光泽，镰羽短；母鸡羽毛多为麻黄色和黑褐色，部分母鸡尚有胡须。出栏时间：120 ～ 150 日龄；体重：公鸡 2 964 ～ 2 973 克，母鸡 1 908 ～ 1 912 克。母鸡平均开产日龄 220 ～ 240 天，年产蛋 50 ～ 60 枚。

(7) 矮脚鸡。原产于贵州省兴义市。胫短，有黄、白、黑 3 种颜色，体呈匍匐状。羽毛主要有黄、麻和黑羽。喙短，呈黄色或灰黑色。公鸡背、翅、胸、颈羽色为黄色偏红，主副翼羽和腹、尾羽为墨绿色。母鸡以黄麻色为主，黑麻色次之，少数为白色。出栏时间：150 ～ 180 日龄；体重：公鸡 1 908 ～ 1 916 克，母鸡 1 388 ～ 1 396 克。母鸡平均开产日龄 150 ～ 180 天，年产蛋 120 ～ 150 枚。

(8) 竹乡鸡。原产于贵州省赤水市。胫以黑色居多，皮肉呈黑色，肉髯呈紫黑色，虹彩呈褐色。公鸡颈羽、背羽呈红色，尾羽呈黑色带有墨绿色光泽。母鸡羽毛多为黑色，麻黄色次之，少数有黄、黑麻及灰色。出栏时间：120 ～ 150 日龄；体重：公鸡 2 256 ～ 2 268 克，母鸡 2 054 ～ 2 066 克。母鸡平均开产日龄 180 ～ 210 天，年产蛋 100 ～ 150 枚。

33. 贵州生态养鸡常用蛋鸡品种有哪些？各品种有哪些特点？

常用蛋鸡品种有：罗曼粉蛋鸡、海兰灰蛋鸡、京白 939 粉壳蛋鸡、农大 3 号褐壳蛋鸡、京粉 2 号蛋鸡。

各品种有以下特点：

(1) 罗曼粉蛋鸡。特点是产蛋多、蛋重大、饲料转化率高。主要生产性能指标是：达 50% 产蛋率的蛋鸡日龄 145 ～ 150 天；高峰期产蛋率 92% ～ 94%；72 周龄入舍鸡产蛋数 295 ～ 305 枚，平均蛋重63.5 ～ 65.6克，料蛋比（2.0 ～ 2.1）：1。

（2）海兰灰蛋鸡。特点是产蛋多、死亡率低、饲料报酬高、适应性强。主要生产性能指标为：达50%产蛋率的蛋鸡日龄151天，高峰产蛋率93% ～ 96%，72周龄入舍鸡产蛋数298枚，平均蛋重65.1克，料蛋比（2.2 ～ 2.5）：1。

（3）京白939粉壳蛋鸡。国内培育的粉壳蛋鸡高产配套系。它具有产蛋多、耗料少、体型小、抗逆性强等特点。生产指标：0 ～ 20周龄成活率为95% ～ 98%；20周龄体重1.45 ～ 1.46千克；达50%产蛋率平均日龄155 ～ 160天；高峰期最高产蛋率96.5%；72周龄入舍鸡产蛋数270 ～ 280枚，72周龄入舍鸡产蛋量16.74 ～ 17.36千克；料蛋比（2.30 ～ 2.35）：1。

（4）农大3号褐壳蛋鸡。国内培育的矮小型蛋鸡配套系。它是中国农业大学动物科技学院用纯合矮小型公鸡与慢羽普通型母鸡杂交推出的配套系，商品代生产性能高，可根据羽速甄别公、母，快羽类型的雏鸡都是母鸡，而所有慢羽雏鸡都是公鸡。72周龄入舍鸡产蛋数可达260枚，平均蛋重约58克，产蛋期日耗料量85 ～ 90克/羽，料蛋比2.1：1。

（5）京粉2号蛋鸡。国内培育的粉壳蛋鸡高产配套系。该品种具有以下5个特点。①品种纯正。这主要体现在体型、外貌和蛋色3个方面。商品代鸡群体型紧凑、整齐匀称，羽毛颜色均为白色，蛋壳颜色为浅褐色，色泽均匀。②繁殖率高。这主要体现在产蛋数多、孵化率高、健母雏率高等方面。商品代蛋鸡72周龄产蛋数310 ～ 318个，产蛋总重19.5 ～ 20.1千克；父母代种鸡受精率92% ～ 94%，受精蛋孵化率93% ～ 96%。③耐高温。适应性强，能够耐受高温、高湿的气候环境。④无啄癖。性情温和，不抱窝，无啄肛、啄羽等不良习性。⑤成活率高。育成鸡成活率为97% ～ 99%，蛋鸡成活率为93% ～ 96%，抗病性强。

34. 生态鸡引种有哪些要求？

①同批次鸡应来自于无特定疾病（如禽流感、鸡新城疫、支原体病、禽白血病、禽结核、马立克氏病等）的种鸡场或育雏场，经过产地检疫，持有效动物产地检疫合格证明。

②鸡苗出壳时，应由厂家接种马立克氏疫苗。

③脱温鸡应按相关免疫程序完成疫苗的免疫接种。

④雏苗运输工具运输前应经过彻底清洗和消毒。

⑤跨省引进用于饲养的家禽到达目的地后，货主或承运人应当在24小时内向所在地县级人民政府动物卫生监督机构报告，并接受监督检查。

九、鸡苗育雏技术

35. 育雏前准备包括哪些内容？

（1）育雏室的检修、清洗和消毒。新建育雏室使用前1周，应进行清洗与消毒。使用过的育雏室每批育雏鸡苗转出后，应先清除育雏室内的灰尘、粪渣、羽毛、垫料等杂物，然后用高压水枪进行冲洗。冲洗的顺序：屋顶→墙壁→设备→用具→地面→下水道。冲洗干净后，对门窗、设备、用具、电路等进行检修。然后用生石灰水或烧碱进行泼洒，待干燥后将垫料、用具放在育雏室内，用三氯异氰脲酸粉烟熏剂进行熏蒸。方法是先关闭窗户和通风口，然后将称量好的三氯异氰脲酸粉烟熏剂置于铁桶或陶瓷容器内，用火点燃，关门熏蒸24小时，开门开窗通风1～2天。空舍1周后再进鸡，在进鸡前一天再用消毒液对鸡舍内外进行喷雾消毒。

（2）育雏用具及投入品的准备。需准备饮水器、饲料桶、开食盘、升温设施、干湿球温湿度计、连续注射器、滴瓶、喷雾器、饲料、电解多维、疫苗、消毒药、抗菌药、抗球虫药等。按每100羽鸡40千克（1件）的用量准备来自正规厂家的小鸡全价饲料，每50羽鸡配备1个饮水器、1个塑料桶、1个开食盘。

（3）育雏室的升温。根据当时的气温，在进鸡前1天将育雏室温度升至36～38℃。升温过程中要检查升温效果。如采用煤炉供温，要检查烟管是否有漏烟现象。

36. 熏蒸消毒有哪些基本要求？

（1）药物用量。每立方米空间的消毒用药量（1倍量）为福尔马林14毫升、高锰酸钾7克。由于高锰酸钾受到国家管控，现多使用三氯异氰脲酸粉烟熏剂，每袋可熏蒸400～500米^{3}鸡舍。

（2）环境条件。为保证有效的消毒效果，熏蒸消毒时需控制好环境条件，将舍温提高至20℃以上，相对湿度在60%（70%）以上。冬季进行熏蒸消毒时，应对鸡舍提前预温，并洒适量水提高湿度。

（3）熏蒸消毒时间。熏蒸消毒时间的长短，因消毒对象的不同而不同。相对来讲，消毒时间越长效果越好。

37. 养殖场怎样进行熏蒸消毒？

操作程序如下：

（1）清扫干净消毒场地。熏蒸前对鸡舍（育雏室）地面、墙壁和天花板等处进行彻底清扫，包括粪便、饲料残渣、灰尘、蜘蛛网等；然后用高压清洗机对其进行冲洗，确保舍内清洁无死角。舍内垫料和工具设备（如饮水器、料桶、料槽、开食盘等）也应洗刷干净。

（2）对消毒场地进行密封。熏蒸消毒前，除供熏蒸人员出入的舍（室）门外，鸡舍（育雏室）其他门窗缝隙、墙壁裂缝、天窗等都用塑料布或纸条密封好，避免留有空隙而降低舍内有效消毒浓度，影响消毒效果。

（3）准备好容器。如果消毒空间较大、药量较多，需要放置多个容器。盛放药品的容器应足够大、足够深，且开口要大。

（4）操作流程。

①福尔马林－高锰酸钾熏蒸消毒使用方法。使用耐腐蚀或耐热的陶瓷、玻璃或搪瓷等器具，也可用铁桶，先加少量温水，再加高锰酸钾，最后加入福尔马林。如是多个容器，消毒液应从鸡舍最内部开始，向外部依次倾倒。消毒容器要均匀地置于鸡舍内，并尽量靠近门口，以便甲醛气体更好地弥漫于整个鸡舍空间，也有利于工作人员操作结束后迅速撤离。尽量避免或减少人与福尔马林的接触，确保人身安全。

②三氯异氰脲酸粉烟熏剂使用方法。根据鸡舍大小准备好三氯异氰脲酸粉烟熏剂，打开烟熏剂外包装袋，内有100克三氯异氰脲酸和100克助燃剂各1袋，先将两小袋内容物混合均匀，再将药物直接放在要消毒的鸡舍地面上，均匀放置几堆，关闭门窗，点燃药剂后人立即离开，经过24小时后打开门窗通风换气。

（5）排净异味。熏蒸消毒后，应打开门窗或排风扇通风换气3～5天，以降低烟熏剂的浓度。

38. 育雏期饲养管理技术要点有哪些？

育雏期饲养管理技术主要包括以下几方面：

（1）开饮。雏鸡到场后休息1～2小时后给予饮水。前一周饮用温开水，水温18～20℃，水量控制在2小时内饮完。在水中添加多维（如补速20、电解多维等）及预防鸡白痢和大肠杆菌的药物（如百草霜、多西环素、硫酸黏杆菌素、青霉素、链霉素等），有利于雏鸡健康复壮。药物不应连续使用，一般连用 3 ～ 5 天，停药 7 天。为保证水质，要求现用现配，搅拌均匀。在对雏鸡进行免疫、断喙、转群等的前 1 天，也应在饮水中加入多维，连用 3 天，以缓解鸡的应激反应。

（2）开食。开食料选用肉用小鸡料（破碎）。开食应在开饮后 2 ～ 4 小时进行或当发现鸡群有 1/3 雏鸡有行走觅食表现时进行。开食可采用开食盘或将饲料直接撒在清洁消毒过的深色塑料布上，任其啄食。注意少喂多添，要保证所有雏鸡能同时吃到小鸡料。

（3）日常饲喂。育雏前 3 天，自由采食；第四至七天，每天定时定量饲喂 6 ～ 8 次；第二周，每天定时定量饲喂 6 次；第三至四周，每天定时定量饲喂 4 ～ 5 次。每次喂料量应以全群鸡在 30 分钟左右采食完为宜。

（4）环境控制。育雏"五要素"。

39. 怎样掌握育雏"五要素"？

育雏"五要素"包括：

（1）温度。要求均匀、恒定，切忌忽高忽低。前 3 天以 33 ～ 35℃ 为宜，第四至七天，以 30 ～ 33℃ 为宜，第二周起每周降 2 ～ 3℃，第四周逐渐过渡到自然环境温度。生产中注意观察雏鸡状态，如发现雏鸡远离热源、张口呼吸、尖叫，说明温度过高；如雏鸡拥挤打堆、紧靠热源，说明温度过低，需要及时调整。

（2）湿度。雏鸡舍湿度较高，容易出现高温高湿或高温低湿现象。高温高湿环境下，病原微生物容易滋生繁殖，易诱发球虫病。高温低湿情况下，雏鸡易失水，羽毛脱落，易引发出现啄斗。生产中，应该考虑前期的增湿和后期的防潮措施，第一周相对湿度以 65% ～ 70% 为宜，以后保持 55% ～ 60%。可在育雏室悬挂干湿球温湿度计监测室内湿度情况，及时调整。

（3）通风。保持舍内空气新鲜和流通是养鸡的重要条件。通风的目的是减少舍内有害气体，增加氧气，同时调节舍内湿度，减少病原滋生。否则，易造成雏鸡呼吸道疾病增加，体弱多病，增加死亡率。为了既保持育雏室空气新鲜又避免因通风导致温度下降，可在通风前预先提高室温 2～3℃，然后再适当打开门窗进行通风换气。

（4）密度。雏鸡饲养密度随日龄增加而减少，第一周以 40～50 羽／米³为宜。第二周后逐渐减少，第四周时密度以 25～30 羽／米³为宜。若密度过大，鸡的活动受到限制，空气污浊，导致鸡抵抗力下降，易生病，生长缓慢，且易引发啄羽、啄肛等恶习；若密度过小，造成房舍利用率低，增加饲养成本。

（5）光照。强光会刺激鸡的兴奋性，影响鸡群休息，引起相互啄羽、啄肛等；弱光可使鸡处于安静状态，有利于休息，促进增重。在育雏的前 3 天每天给予 24 小时光照，以后每天给予 23 小时光照、1 小时黑暗。第一周灯泡功率以 40 瓦为宜，第二至三周以 25 瓦为宜。按每平方米 3.5～4 瓦要求设置灯泡数量，灯泡尽量多且均匀悬挂，以使舍内光照均匀。灯泡悬挂在离地 2 米高的位置，灯与灯间距为 3 米。

十、生态鸡饲养管理

40. 生态放养鸡不同阶段所需的营养包括哪些指标？

所需营养包括：代谢能（兆焦/千克）、粗蛋白质（%）、赖氨酸（%）、蛋氨酸（%）、钙（%）、有效磷（%）等指标。

各指标参考营养需要量见表10-1。

表10-1　生态放养鸡各阶段参考营养需要量

营养指标	5~8周龄	8周龄以上
代谢能（兆焦/千克）	12.54	12.96
粗蛋白质（%）	19.00	16.00
赖氨酸（%）	0.98	0.85
蛋氨酸（%）	0.40	0.32
钙（%）	0.90	0.80
有效磷（%）	0.40	0.35

41. 生态鸡饲料使用准则包括哪些内容？

生态鸡饲料使用准则如下：

①使用无有害药物和添加剂的饲料，饲料要新鲜、无霉变、不生虫和未受病源污染。

②饲料包装应完整、无污染、无损坏和无异味。

③饲料运输防止污染，包装完整，不使用运输畜禽的车辆运输饲料，运输工具和装卸场所定期清洗消毒。

④饲料贮存场所要选择干燥、通风、卫生、干净的地方，并采取措施消灭苍蝇和老鼠等。

⑤用于包装、盛放原料的包装袋和容器等，要求无毒、干燥、洁净。

⑥放养区内不得将饲料、药品、消毒药、灭鼠药、灭蝇药或其他化学药物等堆放在一起，加药饲料和非加药饲料要标明并分开存放。

⑦放养区内一次进（配）料不宜太多，配合好的全价饲料也不要贮存太久，以15 ～ 30天为宜。使用时按照先旧料后新料的原则。

42. 生态放养鸡每天投料与补饲怎样配合？

最简便的办法是小鸡阶段采用肉小鸡全价配合饲料，中大鸡阶段采用肉鸡浓缩料加玉米配制，配比为：中鸡（42 ～ 63日龄）35%浓缩料+65%玉米；大鸡（64日龄至出栏）30%浓缩料+70%玉米。更换饲料需3 ～ 5天的过渡期。

十一、生态放养鸡的饲养管理

43. 如何进行放养场地检查？

放养场地检查包括：

①在放养地搭建移动式鸡舍，以便鸡群夜晚歇息、雨天避雨。同时配备饲槽（或塑料桶）和饮水器。

②查看放养场四周围栏是否有漏洞，如有漏洞应及时进行修补，减少鼠、蛇等天敌的侵袭造成损失。放养前进行一次灭鼠，但应注意使用的药物，以免毒死鸡只。

③放养场不得使用可导致鸡群中毒或体内残留的农药等有害物质，应防止气候变化及动物侵害对鸡群的影响。

44. 雏鸡什么时间放养较为适宜？

雏鸡的放养时间视季节、外界温度和雏鸡体况而定。一般情况下，育雏30天，完成免疫程序相应疫苗免疫，选择白天天气暖和、气温不低于15℃时放养。如遇气温低的季节，适当延长至40~50日龄开始放养。为了降低饲养成本，也有在室内圈养60～80天后再进行放养的。

45. 如何进行放养鸡管理?

放养鸡管理包括:

(1)佩戴脚环。目的是对放养鸡进行质量安全跟踪管理,做到产品源头可追溯。因此,雏鸡放养前应佩戴可追溯脚环。

(2)转群。选择在晚上进行,减少因应激、惊吓、挤压等因素造成的鸡只死亡。转群到放养场前后3天应在饮水中加入电解质多维,以防转群应激。

(3)放养调教。转入放养鸡舍的脱温鸡不宜立即放养,应在放养鸡舍内进行5～7天的适应性饲养,避免鸡放养后不回放养鸡舍过夜。投料时以拍打料桶、吹口哨等方法进行适应性训练,让鸡跟随采食;傍晚,再采用相同的方法,进行归巢训练,使鸡产生条件反射形成习惯性行为。雏鸡放养前1周要减少人工光照时间,过渡到自然光照时间。

(4)放养时长。选择天气暖和的晴天放养,开始几天,每天放养2～4小时,以后逐月增加放养时间。

(5)放养地点控制。放养地点最初选在鸡舍周围,逐渐由近到远,可通过移动料桶、料槽的方法训练。

(6)放养过渡。雏鸡进入放养场后用雏鸡料过渡1周,同时让其在放养场内自由采食虫、草及草籽等自然食料,不足部分用玉米、谷物、小麦、米糠、豆类等直接饲喂或用几种原粮混合饲喂。每天早上补料时喂六、七成饱,促进鸡只寻找食物,以增加鸡只活动量,采食更多的有机质和营养物。下午太阳落山前,将鸡群收回鸡舍,晚餐一定要喂饱。放养场内推荐采用人工种植紫花苜蓿、三叶草、金荞麦等优质牧草作为补充。

(7)公、母分群饲养。7周后公、母分群饲养,在

150 ～ 160 日龄上市，有利于提高成活率与群体整齐度。

（8）分区轮牧。根据放养区规模和植被状况，将放养区划分为若干小区，用围墙、尼龙网或铁丝网等隔开，高度不低于1.8 米。实行分区轮流放养。每一小区放养同一批次的生长鸡，便于统一饲喂，统一管理。每一小区放养鸡群的数量及放养持续时间应根据小区植被的利用情况而定，原则上以有利于植被再生长、不造成植被过牧为宜。一般每亩不超过50羽。严防过牧造成放养区植被破坏，一般两批鸡的间隔时间为1 ～ 2个月。

（9）防雨防寒。刮风下雨、露水太大时应停止放养，防止淋湿羽毛而受寒生病。及时收听天气预报，在暴风、雨、雪来临前，做好防风、防雨、防漏、防寒工作。

（10）防中毒。放养场地周围应禁止喷洒农药。刚放养时最好用尼龙网或竹篱笆圈定放养范围，以防鸡到处乱窜，采食到喷过杀虫药的果叶和被污染的青草等。鸡场应常备解毒药物（解磷定、阿托品），以防不测。

（11）日常观察。日常管理中注意观察鸡只行为姿态、羽毛蓬松度和光泽、粪便状态与颜色，发现异常鸡只应及时挑出隔离。

46. 为什么要进行公、母分群饲养？

放养的肉鸡多为优质鸡，天性好斗，性成熟较早，把小公鸡和小母鸡分开饲养，以保持鸡群的安静，减少追逐，减少打斗，减少发生啄癖。加之公、母鸡对环境、营养的要求和反应有所不同，表现为生长速度、脂肪沉积能力和羽毛生长速度等方面有所差异，生长速度在同一批公鸡比母鸡快，因此，公、母分群利于针对性的饲养管理和鸡群的生长发育。

47. 为什么要分区轮牧？

分区轮牧是根据放牧草地植被的生长和放养生态鸡对饲草的需求，将放牧地按计划分为若干分区，在一定时间内逐区循序轮回放牧的一种先进的放牧制度。分区轮牧一方面可以控制放养鸡在某一区域的放牧采食时间，防止过度放牧采食造成植被退化，影响牧草再生，另一方面通过分区放牧采食，可以使上一区域空置，恢复植被生长，同时空置区域通过日光照射和场地消毒可杀灭病原微生物和切断寄生虫生活史，从而降低疾病发病率。

十二、疫病防控

48. 怎样进行消毒剂选择？

甲酚类消毒剂用于鸡场消毒池、圈舍、非金属设备的消毒；苯酚类消毒剂用于鸡舍、孵化场、设备及消毒池的消毒；碘类消毒剂用于饮水、种蛋、空舍的消毒；氯类消毒剂用于饮水消毒；过氧乙酸消毒剂用于空气、棚舍、用具的消毒；季铵盐类消毒剂用于孵化场、设备、棚舍的消毒；甲醛消毒剂用于种蛋、蛋箱、棚舍的消毒。

49. 饲养场日常消毒有哪些要求？

饲养场日常消毒要求如下：①饲养场日常应配备3种以上不同成分的消毒药品交替使用，以免产生耐药性而影响消毒效果。

②饲养场应制定标准化消毒操作程序并严格实施。

③运输动物及投入品的车辆进入饲养场区时，应在场区入口外进行全面清洁及消毒后，经入口消毒池缓缓驶入。

④应保持场区出入口处、生产区入口处的消毒池或消毒垫的消毒液持续有效。

⑤每天打扫鸡舍卫生，保持笼具、料槽、水槽、用具、照明灯泡及舍内其他配套设施洁净，保持地面清洁。

⑥定期对鸡舍进行带鸡喷雾消毒，对料槽、水槽等饲喂用具进行定期消毒，在疫病多发季节，适当加大消毒频率。

⑦保持场内道路和鸡舍周边环境清洁，道路及鸡舍周围至少每周实施1次清洁消毒；场内污水池、排粪坑、下水道至少每半月消毒1次。

⑧鸡群转舍、售出后，应对空舍和设施设备进行严格清洁和消毒，消毒后至少空舍2周后，再引入鸡群饲养。

⑨保温设备、喂料设备、饲料车、蛋车等物品应冲洗干净并消毒后，将消毒液冲洗干净，方可进入养殖区使用。

⑩对兽医室定期消毒，在实施解剖或诊断实验后应立即清洁并消毒。

50. 家禽防疫注意事项有哪些？

家禽防疫工作中应注意以下事项：

（1）注意健康状况。预防接种之前，应详细了解被免疫家禽的品种及健康状态，在临床检查健康的情况下进行免疫。凡是患有慢性病、瘦弱或饲养管理不良的家禽暂时均不宜免疫。

（2）选用合格疫苗。使用前应详细检查疫苗名称、生产厂家、批号、有效期、贮藏条件等是否与说明书相符，对已失效、无批号、物理性状异常或来源不明的疫苗严禁使用。

（3）注重防疫程序。由于家禽的日龄、母源抗体、疫苗类型及当地疫病流行情况不尽相同，防疫时应根据当地畜牧兽医部门提供的、针对当地畜禽疫病流行情况而设计制定的防疫程序进行程序化防疫。

（4）注意使用方法。在使用前要详细核对疫苗名称与所预防的疫病是否相符；使用的器械是否经过清洗、消毒；是否严格按要求使用指定的稀释液和按规定的方法进行操作；稀释后的疫苗是否在规定的时间内用完；接种的剂量是否准确无误。

（5）减少应激反应。家禽接种疫苗后一般要经过7～21天才能产生免疫力，在此期间若出现剧烈的应激反应将会直接影响家禽免疫力的产生。因此，接种疫苗后要切实加强饲养管理，减少应激反应对家禽的影响。

（6）防止早期感染。在接种疫苗前后要特别注意加强卫生消毒工作，防止病原入侵和早期感染。

51. 贵州生态放养肉鸡免疫程序是什么？

生态放养肉鸡免疫程序见表12-1。

表12-1 生态放养肉鸡免疫程序

日龄（天）	疫苗	使用方法	剂量
1	马立克氏	皮下注射	1羽份
7	新支二联苗（H120）	滴鼻、点眼	1羽份
14	法氏囊	滴口	1羽份
16	禽流感（H5+H7）	肌肉注射	0.3毫升
23	新支二联苗（H120）	饮水	2羽份
50	禽流感（H5+H7）	肌肉注射	0.5毫升
65	新城疫 I 系	肌肉注射	1羽份

十三、常见疾病防治

52. 怎样防治禽流感？

禽流感是由A型流感病毒引起的禽类（家禽和野禽）传染病。禽流感病毒血清型众多，H5、H7强毒株感染的死亡率可达90%～100%，H9亚型死亡率较低。

症状：病鸡头颈肿胀，有明显的呼吸症状，气管充血、出血，心包膜和气囊增厚并附着淡黄色渗出物，卵黄性腹膜炎。急性病鸡精神不振，采食下降，鸡冠、肉髯肿胀发紫，出血，坏死。脚掌、趾肿胀，鳞片出血。部分病鸡下痢，排绿色粪便。头、颈及胸部皮下有淡黄色胶冻样水肿。腺胃乳头出血、腺胃与肌胃交界处出血，肠黏膜出血，胰腺有出血点。

防治：本病目前尚无特效药物，发生禽流感疫情或疑似禽流感疫情时，应及时向当地兽医主管部门、动物防疫监督机构报告。

53. 怎样防治鸡新城疫？

鸡新城疫俗称鸡瘟，是由新城疫病毒引起的一种急性、烈性传染病，本病传播迅速，一年四季均可发生，天气突变易诱发本病。

症状：多数情况下，病鸡表现精神不振，采食减少，翅下垂，站立不稳。张口呼吸，咳嗽，发生呼噜声，呼吸困难。部分鸡拉绿色稀粪。发病后期，一些病鸡出现扭头、歪颈、转圈等神经症状。解剖可见气管环状充血，内有黏液或混有血丝，腺胃溃疡、乳头出血是新城疫特征性病变，肌胃角质膜下点状、条状出血，肠道广泛性出血，在小肠表面可见散在的枣核状红肿病灶，剪开小肠可见黏膜面有枣核状的出血斑或溃疡，盲肠、扁桃体肿胀、出血。

防控：紧急免疫。鸡群发生新城疫后，立即用3～4倍量新城疫Ⅳ系苗饮水；2月龄以上的鸡也可用2倍量新城疫Ⅰ系苗肌肉注射。

药物治疗：本病目前尚无特效药物，病鸡应补充电解多维、黄芪多糖等增强鸡抵抗力。选用抗病毒药物如干扰素和抗病毒的中药联合治疗。

54. 如何防治鸡白痢？

鸡白痢是由鸡白痢沙门氏菌引起鸡的一种传染性疾病。本病主要经消化道感染，也可通过感染的种鸡和污染的种蛋垂直传播。主要危害4周龄内的雏鸡，感染导致雏鸡的高死亡率。

症状：病雏鸡排白色黏稠粪便，肛门周围羽毛有白石灰样粪便沾污；雏鸡卵黄吸收不良，呈黄绿色液体或呈棕黄色奶酪样。肺内和心肌上有黄白色结节。一些病鸡关节肿大，跛行。剖检可见肝肿大、充血，肝脏和脾脏上有黄白色坏死点。病程长则可在心肌、肌胃、肠管等部见到隆起的白色结节。盲肠膨大，肠内有干酪样凝结物。

防治：用全血平板凝集试验定期检疫，淘汰阳性鸡。

药物预防及治疗：雏鸡在饮水中加入恩诺沙星、环丙沙星等。发病鸡可用上述药物加大剂量使用。

55. 如何防治大肠杆菌病？

大肠杆菌病是由大肠杆菌引起的一类病的总称，包括败血症、心包炎、肝周炎、气囊炎、腹膜炎、肉芽肿、输卵管炎、生殖道炎、脐炎、滑膜炎等疾病。大肠杆菌病对养鸡业危害较大。各种年龄鸡均可感染大肠杆菌病，尤以雏鸡、幼鸡感染后危害较大。因饲养管理不善、应激等因素，造成抵抗力降低，以及感染其他疾病，常继发或并发大肠杆菌病。

症状：大肠杆菌病常见心外膜、肝膜、腹膜和气囊增厚，表面有灰白色的纤维素渗出物覆盖。皮肤、肌肉瘀血，血呈紫黑色、不易凝固，肠黏膜出血，心包积液，心脏扩张，肝肿大呈紫红色。

防治：恩诺沙星、氟苯尼考、新霉素、庆大霉素、先锋霉素等，但大肠杆菌易产生耐药性，因此，药物应经常更换使用。

56. 如何防治球虫病？

由于舍外养殖方式使球虫卵囊在林地里广泛扩散，球虫卵囊大量分布于林地中并可在林地中长时间存活，因此，球虫病是放养鸡预防的重点疫病之一。本病主要危害雏鸡，发病率、死亡率高，病愈雏鸡生长滞后，抵抗力低，易患其他疾病，给养殖户造成巨大的经济损失。

症状：常见典型症状是拉稀及血便。病鸡精神不振，逐渐消瘦，足和翅膀多发生轻瘫，产蛋鸡产蛋量减少。剖检可见盲肠显著肿大，呈紫红色，肠腔充满凝固或新鲜的暗红色血液，盲肠壁变厚，并伴有严重的糜烂。小肠扩张增厚，有严重的坏死，肠壁深部和肠腔积存凝血，使肠的外观呈淡红色或褐色，肠壁有明显的淡白色斑点和黏膜上的许多小出血点相间杂。

防治：在育雏阶段用抗球虫药物预防，药物使用应注意交替用药，常用药物：磺胺氯吡嗪磺胺二甲嘧啶钠、地克珠利、球痢灵、氯苯胍。发病鸡经饮水给予抗球虫药物并配合维生素K帮助止血促进康复。

57. 如何防治鸡支原体病（鸡慢性呼吸道疾病）？

本病是由鸡败血性支原体引起的鸡接触性传染性慢性呼吸道病，它只感染鸡与火鸡。发病慢，病程长。本病主要发生于1～2月龄雏鸡，在饲养量大、密度高的鸡场更容易发生流行。

症状：发病后病鸡先流出浆液性或黏性鼻液，打喷嚏，炎症继续发展时出现咳嗽和呼吸困难，可听到呼吸啰音，到后期鼻腔和眶下窦蓄积多量渗出物，并出现眼睑肿胀，眼部突出。剖检时可见鼻腔、气管、支气管和气囊中含有黏液性渗出物，特征性病变是全身气囊特别是胸部气囊有不同程度混浊、增厚、水肿，随着病程发展气囊上有大量大小不等干酪样增生性结节，外观呈念珠状，少数大至鸡蛋，有的出现肺部病变。在慢性病例中可见病鸡眼部有黄色渗出物，结膜内有灰黄色似豆腐渣样物质。

防治：1～5天苗鸡用倍力欣饮水预防，7～10天用药物饮水预防。发病时可用红霉素、泰乐菌素、泰万菌素、强力霉素、氟苯尼考等治疗。

58. 如何防治鸡蛔虫病？

鸡蛔虫病是由鸡蛔虫引起的鸡常见寄生虫病，本病在我国非常普遍，鸡群感染率介于6%～87%；高密集放养方式，鸡的感染率和发病率更高，感染率可达100%。鸡蛔虫雌虫在鸡的肠道内一天可排出几万个虫卵，虫卵随粪便排出体外。一般刚从鸡粪便排出的虫卵，其他鸡不感染，虫卵在潮湿的土壤及适当温度条件下可发育成具有感染性的虫卵，温度、湿度越高，虫卵发育速度就越快，通常需6～7天。感染性虫卵可在土壤中保持活力达6～6.5个月。当鸡吞食被虫卵污染的饲料、饮水或土壤时，虫卵进入鸡的肠道，在肠道内环境作用下孵出幼虫，幼虫随即进入十二指肠并在绒毛间的间隙生长发育，经过一段时间后，再钻入肠黏膜内破坏李氏分泌腺，再经1周，自由活动于肠腔内。

症状：对症状明显的活鸡进行剖检，可见小肠黏膜出血发炎，肠壁上有颗粒状化脓结节，小肠内肉眼可见黄白色蛔虫，长2.6～11厘米不等。根据临床症状和病变部位主要发生在十二指肠，且在小肠中发现有2.6～11厘米长的线虫，即可判断为鸡蛔虫病。通过对鸡粪便进行镜检，若发现有蛔虫卵，可进一步加强对该病的确诊。

防治：定期驱虫。常用药物有左旋咪唑、丙硫咪唑、伊维菌素。为防止产生耐药性，注意药物的更换使用。

十四、鸡场废弃物处理

59. 鸡粪的处理主要有哪几种方式？

主要有堆肥处理、干燥处理两种处理方式。

60. 什么是堆肥处理？

堆肥处理是指鸡粪采用集中堆积，通过微生物作用，对固体鸡粪中的有机物进行降解，使之矿质化、腐殖化和无害化处理鸡粪，生产有机肥，实现还田利用的农牧结合的方式。堆肥处理是目前鸡粪处理利用的主要方式，主要包括厌氧堆肥和好氧堆肥。

61. 什么是厌氧堆肥？

厌氧堆肥是指将鸡粪和作物秸秆等堆肥原料堆积起来，表面用塑料膜或泥浆密封严实或放入发酵罐中，依靠专性和兼性厌氧微生物的作用，杀死病原微生物，降解有机物。其特点是无须通气、翻堆、无耗能；空气与堆肥相隔绝、工艺简单、产品中氮保存量比较多。

62. 什么是好氧堆肥？包括哪些方式？

好氧堆肥是在有氧条件下对鸡粪进行发酵处理的技术模式，依靠专性和兼性好氧微生物自身的生命活动，把一部分有机物氧化成简单的无机物，同时，释放出可供微生物生长活动所需的能量，而另一部分有机物则被合成新的胞质，使微生物不断生长繁殖，微生物对有机物进行分解代谢，代谢过程中释放的热量使堆体温度升高并保持在55℃以上，从而实现粪便无害化，生产有机肥料。堆肥主要推荐以下3种方式：

（1）条垛式堆肥。堆肥场地必须坚固，场地表面材料常用沥青或混凝土，防渗漏、防雨，将鸡粪、作物秸秆等堆肥物堆成条垛状，在好氧条件下进行发酵。采取定期翻堆、设置通风管道等方式充入空气，保证好氧菌对氧气的需要，促使鸡粪发酵、腐熟，经过45～55天的发酵处理后生产有机肥。

（2）槽式堆肥。槽式堆肥系统堆肥过程是在长而窄"槽"的通道内，将可控通风与定期翻堆相结合，槽式堆肥发酵槽宽在4～6米，槽深为1～1.2米，堆体高度以0.80米为宜，长度根据实际情况确定，但太短不利于机械化操作。槽式堆肥在发酵过程中添加辅料，经过45～55天的发酵处理后生产有机肥。适用于大中型养殖场、养殖小区和散养密集区。

（3）罐式发酵。发酵罐根据处理能力容积有3～100米³各种型号。罐深、直径根据实际情况确定。罐式堆肥在发酵过程中添加辅料，经过45～55天的发酵处理后生产有机肥（图14-1）。

图14-1　罐式发酵

63. 好氧堆肥温度怎样控制？怎样确定堆肥时间？

好氧堆肥温度宜控制在55～65℃，且持续时间不得少于5天，最高温度不宜高于75℃。

堆肥时间应根据碳氮比、湿度、天气条件、堆肥工艺类型及添加剂的种类确定，适时采用翻堆方式自然通风或其他机械通风装置换气，调节堆肥物料的氧气浓度和温度，经过45～55天的发酵处理后生产有机肥。

64. 鸡粪干燥处理包括哪几种方式？

鸡粪干燥处理主要包括自然干燥处理和机械干燥处理两种方式。

65. 什么是自然干燥处理？

自然干燥处理是利用太阳能、风能等自然能源对鸡粪进行无害化干燥。将鸡粪摊铺在空气屋内，采用手工或机械对粪垛定期进行翻倒，利用自然能源对鸡粪进行自然干燥（图14-2）。

图14-2　自然干燥处理

66. 什么是机械干燥处理？

机械干燥处理是使用干燥机械，通过加温使鸡粪在较短时间内干燥。该方法具有处理速度快、处理量大、消毒灭菌和除臭效果好等特点。干燥后，经粉碎、过筛后制成有机肥（图14-3）。

图14-3　干燥处理制成有机肥

67. 病死鸡无害化处理技术主要有哪些？怎样处理？

病死鸡要及时处理，密封装袋后由专用车辆运输到隔离区的无害化处理地点，采用化尸窖法、堆肥发酵法、焚烧法对病死鸡进行处理，杀灭病原体，达到无害化的目的。

（1）化尸窖法。结合养殖场地形特点，原则上在养殖场内风向的末端处，根据养殖场的饲养量，在远离交通要道、水源且地势高的地方，选择符合环保要求的位置，建一个上小下大、3米左右、四周厚度不少于10厘米、池底厚度不少于30厘米的混凝土深坑，上面加盖水泥板，并留两个可开启的小门，在坑底部铺撒一定量的生石灰或其他消毒液，通过小门将病死鸡放入，投放后，盖严锁死。

（2）堆肥发酵法。该处理方法非常适合于小型养殖场、不需要一次性处理大量禽尸的堆肥厂。通过将病死鸡与粪便等废弃物一起，掺兑发酵好的、菌群活跃程度高的有机肥原料进行堆肥发酵，使病死鸡充分腐烂变成腐殖质，并杀灭病原体，达到无害化处理的目的。

（3）焚烧法。处理病死鸡安全、彻底的方法，尤其是在排水困难或有可能造成污染水源的地方，最好设置生物焚化炉。焚化炉要选择利于管理、方便操作，远离生活区、生产区，位于主导风向的下方，对周围居民生活没有影响且符合环保要求的位置。

注意事项：无论采用哪种方法处理病死鸡时，都要注意防止病原体扩散。在运输、装卸等环节要避免撒漏，运输病死家禽的工具必须与其他运输工具严格分开，每次处理完病死禽后，必须对运输病死鸡的用具、车辆、病死鸡接触过的地方，工作人员的手套、衣物、鞋等进行彻底消毒。

68. 鸡场污水来源有哪些？

鸡场污水的来源主要是冲洗鸡舍、刷洗用具的污水，饮水器漏水及生活污水等。

69. 鸡场污水怎样处理？

主要通过物理的、化学的、生物的净化处理结合在一起，使污水的水质得到净化和改善，从而实现污水的无害化处理和资源化利用。首先对污水经格栅沉砂池，去除固体悬浮物进入调节池，调节池中的污水经提升泵定量提升至分离器，将污水中杂质沉淀，并进行污泥干化处理，上清液自流入水解池；将难降解的有机物质分解成小分子、易降解的物质；水解池的出水自流入接触氧化池，通过微生物的作用，最大程度去除水中的污染物质，再自流入沉淀池，最后排放。

十五、生产管理记录

70. 养殖档案主要包括哪些内容？

①鸡的品种、来源、数量、日龄和进出场日期等。

②饲料、饲料添加剂、兽药的来源（使用）、名称、时间和方法剂量、休药期等。

③检疫、免疫、监测、消毒。

④畜禽发病、诊疗、死亡和无害化处理。

⑤养殖场畜禽养殖代码。

71. 怎样保存及整理养殖档案？

①鸡场应建立专用的档案室或档案柜，并要求员工严格按照各项档案记录表要求填写，记录完整，确保真实有效。

②每半年对各种生产记录进行整理，分类装订成册。

③对每批购进雏鸡证明，如"种畜禽生产经营许可证""动物检疫合格证明"等复印件，也要妥善保存。

72. 养殖档案保存时间是多长？

　　根据农业部第67号令要求，商品肉鸡养殖档案和防疫档案保存时间为2年以上。

十六、销售

73. 肉鸡出栏要注意哪些事项？

①肉鸡出栏要采用全进全出制度，出栏前4～6小时停喂饲料，但不停止供水；捉鸡时应抓住鸡的双腿，往笼内轻放，鸡笼内不可放鸡过多，防止鸡群挤压成堆(捉鸡过程中尽可能避免惊扰鸡只)；运输途中要平稳，到达目的地后及时卸车，以减少应激甚至死亡。

②出栏后进行鸡舍及其设备的全面清洗、消毒，空舍至少2周，彻底消灭传染源，切断传播途径。

74. 屠宰过程中肉鸡的检疫程序有哪些？

（1）宰前检验。

①屠宰企业不得接受来自疫区、运输过程中死亡的、有传染病或疑似传染病的、来源不明的肉鸡。

②屠宰时应按国家有关规定进行宰前检验，并仔细观察活鸡的外表，如行为、身体状况、体表、排泄物及气味等。对有

异常症状的肉鸡要及时隔离观察，并做进一步临床检查。必要时，进行实验室检测。

③对判定为不宜屠宰的肉鸡，应按照有关兽医规定处理。

④应将宰前检验后的信息及时反馈给饲养场，并做好宰前检验记录。

（2）宰后检疫。

①宰后检验应按照国家有关规定和标准执行。

②应用宰前检验信息和宰后检验结果，判定鸡肉是否适合人类食用。

③废弃的鸡肉，应做适当标记，防止与其他肉类交叉污染。

75. 肉鸡屠宰、加工环节应注意哪些安全隐患？

肉鸡由于经长途运输或过度疲劳，到屠宰场立即宰杀时，其肌肉和实质性器官容易被细菌侵入；在剥皮时，有可能受外界污染，造成胴体表面的微生物污染；去内脏时，内脏破裂带来交叉污染；冲洗过程中，冲洗不彻底造成致病菌生长；在冷却阶段，温度不当也会造成致病菌生长；包装阶段，会受环境及包装材料中有害物的污染，危害人体健康。

76. 肉鸡运输过程中存在哪些安全隐患？

肉鸡在运输过程中，常常由于违反操作要求而造成微生物、化学物污染，如运输车辆不清洁，在使用前未经彻底清洗和消毒而连续使用；或在运输途中包装破损，受到尘土和空气中微生物、化学物等污染。

主要参考文献

陈大君, 杨军香, 2013. 肉鸡标准化养殖主推技术 [M]. 北京: 中国农业科学技术出版社.

黄春元, 1996. 最新家禽实用技术大全 [M]. 北京: 中国农业科学技术出版社.

李志, 杨军香, 2013. 病死畜禽无害化处理主推技术 [M]. 北京: 中国农业科学技术出版社.

全国畜牧总站, 2012. 肉鸡标准化养殖技术图册 [M]. 北京: 中国农业科学技术出版社.

全国畜牧总站, 2011. 蛋鸡标准化养殖技术图册 [M]. 北京: 中国农业科学技术出版社.

图书在版编目（CIP）数据

生态家禽高效养殖技术轻松学/贵州省农业农村厅组编. —北京：中国农业出版社，2020.3（2020.8重印）
ISBN 978-7-109-26553-0

Ⅰ.①生… Ⅱ.①贵… Ⅲ.①家禽-饲养管理 Ⅳ.①S83

中国版本图书馆CIP数据核字（2020）第020101号

中国农业出版社出版
地址：北京市朝阳区麦子店街18号楼
邮编：100125
责任编辑：宋会兵 李 蕊
版式设计：杜 然 责任校对：吴丽婷
印刷：中农印务有限公司
版次：2020年3月第1版
印次：2020年8月北京第2次印刷
发行：新华书店北京发行所
开本：880mm×1230mm 1/32
印张：2.25
字数：46千字
定价：25.00元